REVISION CRITIQUE

DES

FOURMIS DE LA TUNISIE,

PAR

C. EMERY,

PROFESSEUR DE ZOOLOGIE À L'UNIVERSITÉ DE BOLOGNE.

PARIS.

IMPRIMERIE NATIONALE.

M DCCC XCI.

EXPLORATION

SCIENTIFIQUE

DE LA TUNISIE,

PUBLIÉE

SOUS LES AUSPICES DU MINISTÈRE DE L'INSTRUCTION PUBLIQUE.

———

ZOOLOGIE. — HYMÉNOPTÈRES.

RÉVISION CRITIQUE

DES

FOURMIS DE LA TUNISIE,

PAR

C. EMERY,

PROFESSEUR DE ZOOLOGIE À L'UNIVERSITÉ DE BOLOGNE.

PARIS.

IMPRIMERIE NATIONALE.

M DCCC XCI.

Sans prétendre retracer ici l'histoire des recherches entomologiques
faites en Tunisie, je crois devoir consacrer quelques lignes à l'origine
des principales collections qui ont servi à l'étude des Fourmis de ce
pays.

Grâce aux explorations d'Abdul-Kerim (1873) et d'Antinori (1875)
dans l'intérieur, du yacht *Violante* (1877) et de M. le marquis J. Doria
(1882) à Tunis et le long du littoral, de nombreux matériaux
avaient été rassemblés au Musée civique de Gênes, avant l'occupation
française de la Régence. J'ai résumé en 1884, pour ce qui concerne les Fourmis, les résultats de ces explorations, ainsi que ceux
du voyage entomologique de MM. Léveillé et Sédillot (1884) qui
ajoutait plusieurs nouveautés intéressantes à la faune myrmécolo-
gique tunisienne. — Depuis lors, ces mêmes naturalistes, et d'autres
encore, ont parcouru à plusieurs reprises la Tunisie et l'est de l'Algérie,
et une exploration scientifique se poursuit sous les auspices du Gou-
vernement de la République. — Enfin, au printemps de l'année der-
nière, mon ami et collègue M. le professeur A. Forel, dont la com-
pétence en fait de Fourmis est bien connue, a rapporté de la région
qui nous intéresse un grand nombre de précieuses observations, ainsi
que des collections considérables, si l'on tient compte du court espace
de temps durant lequel il a accompli son voyage. Les résultats des recherches de M. Forel ont fait l'objet de deux publications que j'aurai
à citer souvent dans le cours de ce travail.

Les collections qui m'ont servi pour cette étude proviennent donc
surtout des explorateurs français et italiens nommés plus haut et de
M. Forel, qui a bien voulu m'envoyer des types de la plupart des
formes récoltées et décrites par lui. — M. André a eu aussi l'obligeance

de m'indiquer quelques espèces qui n'avaient pas encore été signalées dans le nord de l'Afrique.

L'absence d'une ligne naturelle de confins entre la Tunisie et l'Algérie m'a décidé à comprendre dans cette revision les espèces qui ont été observées dans les parties limitrophes de la province de Constantine et dans la région des chotts algériens, car elles seront sans doute retrouvées quelque jour en Tunisie.

Je n'ai que 6 formes (espèces ou races) à ajouter à celles qui ont été signalées jusqu'à ce jour en Tunisie ou dans le voisinage de ses frontières. Ce défaut de nouvelles trouvailles est bien naturel, après que plusieurs travaux spéciaux se sont suivis à de courts intervalles. Mais, s'il ne reste plus beaucoup à glaner, il reste à coordonner et à discuter, à confronter les Fourmis tunisiennes et barbaresques avec les formes correspondantes des autres parties du bassin de la Méditerranée; c'est ce que j'ai essayé de faire, dans la mesure des matériaux d'étude et de comparaison que j'ai eus à ma disposition.

Bologne, décembre 1890.

PRINCIPALES PUBLICATIONS

RELATIVES AUX FOURMIS DE LA TUNISIE ET DU NORD DE L'AFRIQUE
EN GENÉRAL.

Andrė (Ernest). — *Species des Formicides d'Europe ;* Gray (Haute-Saône) [1881-1882]. – Supplément [1885]. – Deuxième supplément [1885].

Emery (C.). — *Catalogo delle Formiche esistenti nelle collezioni del Museo civico di Genova.* – Parte II. *Formiche dell' Europa e delle regioni limitrofe in Africa e in Asia;* in Annali Mus. civ. stor. nat. Genova, XII, 44-59 [1878].

— *Crociera del* Violante, *comandato dal capitano armatore Enrico D'Albertis, durante l'anno 1877.* – Formiche. Ibid., XV, 389-398 [1880].

— *Materiali per lo studio della fauna tunisina raccolti da G. e L. Doria.* – Rassegna delle Formiche della Tunisia. Ibid., XXI, 373-386 [1884].

Forel (Aug.). — *Fourmis de Tunisie et de l'Algérie orientale;* in *Comptes rendus Soc. entom. Belgique,* XXXIV, LXI-LXXVI [1890].

— *Eine Myrmekologische Ferienreise nach Tunesien und Ostalgerien;* in Humboldt, IX, Hft. 9.

REVISION CRITIQUE

DES

FOURMIS DE LA TUNISIE.

I. DORYLIDES.

1. Dorylus juvenculus Shuck ♂. — *Typhlopone Oraniensis* Lucas ☿.

Plaine et collines. — Le seul ♂ dont la date de capture me soit connue a été pris à Gabès en juin 1875.

Cette espèce est répandue dans une grande partie de l'Afrique et de l'Asie, mais la vie cachée des ouvrières fait qu'on ne la découvre qu'accidentellement sous de grosses pierres, ou bien, lorsqu'à la suite d'irrigations ou d'inondations, elle est chassée de ses souterrains profonds. — M. G. Joseph a trouvé dans quelques grottes du sud de la Carniole de petits exemplaires sur lesquels il a établi une nouvelle espèce (*Typhlopone Clausi* Joseph) qui, à mon avis, ne diffère en rien du *Dorylus juvenculus*. Les caractères différentiels signalés par l'auteur sont ceux qui distinguent les petites ouvrières des grandes. En effet, M. Joseph m'écrit qu'il n'a eu à sa disposition, pour comparer, que de grands exemplaires africains. Je dois à l'extrême obligeance du savant explorateur de la faune cavernicole quelques ouvrières de cette espèce provenant des îles Baléares et de la Corse. — Dans le Catalogue Dours, elle est indiquée du midi de la France.

Les faits que je viens de rapporter sont du plus haut intérêt, car jamais aucun Doryle ailé (♂) n'a été, à ma connaissance, pris en Europe, et un insecte aussi grand, venant voler le soir à la lumière, n'eût certes pas manqué d'attirer l'attention des entomologistes. Faut-il admettre, comme je l'ai supposé autrefois[1], que le mâle ailé d'Afrique est remplacé au nord de la Méditerranée par un mâle aptère et hypogé, de même que le mâle de *Ponera punctatissima* Rog., ailé en Italie, est aptère et ergatoïde en Suisse et en Allemagne, ou bien que la multiplication de l'espèce peut avoir lieu par parthénogénèse? C'est un curieux problème dont la solution est malheureusement des plus difficiles.

L'impossibilité, pour des insectes aptères et hypogés, de traverser des bras de mer (car les femelles des Doryles sont aptères et aveugles), prouve que cette espèce n'a pu arriver dans les îles que par la voie de terre, donc à une époque très reculée et sans doute antérieure à la période glaciaire. Il est fort remarquable que, pendant un si grand laps de temps, aucun changement notable ne se soit produit

---

[1] *Le tre forme sessuali del Dorylus helvolus* L. *e degli altri Dorilidi; in Bull. Soc. entom. ital.* Anno XIX, p. 347.

dans la forme et la sculpture du ☿, sauf une réduction progressive de la taille maximum qui paraît n'atteindre jamais, aux Baléares et en Corse, celle des grands exemplaires africains et reste encore plus petite en Carniole.

2. Dorylus atriceps Shuck.

Tunisie : Tunis (Doria). — Deux exemplaires ♂ de cette espèce ont été capturés en juin aux environs de Tunis par M. le marquis Doria.

Peut-être faut-il rapporter à la même espèce la fourmi décrite par M. André (*Species des Formicides d'Europe*, 2° supplément, p. 2) sous le nom d'*Alaopone Abeillei*, d'après une seule ouvrière de la province d'Oran.

II. PONÉRIDES.

3. Proceratium Europæum Forel, *Compt. rend. Soc. entomol. Belg.* 2 oct. 1886.

Algérie : La Verdure (Forel).

Cette fourmi a été découverte d'abord en Grèce et en Dalmatie. — M. André m'écrit l'avoir reçue d'Espagne. C'est donc une espèce répandue dans le bassin de la Méditerranée, mais que sa vie cachée a dérobée longtemps aux recherches.

4. Ponera contracta Latr.

Algérie : La Verdure (Forel), Edough.
N'a pas encore été trouvé dans la Tunisie proprement dite.

5. Ponera punctatissima Rog.

Tunisie : Tunis (Doria); Tozzer; entre Gabès et Gafsa (Lév. et Séd.).

6. Anochetus Sedilloti Emery, in *Ann. Mus. civ. Genova* (2), vol. I, p. 377.

Tunisie : entre Gabès et Gafsa (Lév. et Séd.).

Cette espèce a été découverte par MM. Léveillé et Sédillot en 1884. Les mêmes explorateurs n'ont pas réussi à la reprendre dans leurs voyages successifs et M. Forel n'a pas été plus heureux.

III. MYRMICIDES.

7. Tetramorium cæspitum L.

La plupart des exemplaires tunisiens appartiennent à une forme intermédiaire entre le type et la var. *semilæve* André; du reste, la couleur et la sculpture sont fort variables, et les exemplaires presque aussi lisses et aussi clairs que le *semilæve* typique ne sont pas rares. — Je puis confirmer la supposition de M. André que la ♀ de *semilæve* (exemplaires de Banyuls, coll. Saulcy) se distingue par son mésonotum lisse et luisant. — Chez les ♀ de Tunisie de la forme ci-dessus, ce segment offre quelques stries plus ou moins marquées au-devant de l'écusson et des points clairsemés sur le milieu du disque. La taille de la ♀ est petite (5 mill.), comme chez le vrai *semilæve*.

J'ai vu aussi quelques exemplaires ⚥ à forte sculpture et de grande taille (type de l'espèce). Cette forme et la précédente sont répandues partout, oasis, désert, plaine et montagnes.

Je possède depuis longtemps une ♀ du Tell tunisien ayant la taille de *semilæve*, mais avec le mésonotum en partie strié et la base du premier segment de l'abdomen proprement dit striée sur une courte étendue. C'est, semble-t-il, une transition à la race *striativentre* Mayr. Je remarque en passant que, chez les quatre ouvrières que j'ai rapportées dans ma collection au *Tetramorium striativentre*, le segment basal du ventre n'est strié que sur son tiers antérieur. Ces exemplaires proviennent de diverses localités de Syrie.

Une forme très intéressante a été prise en Kroumirie, à Aïn-Draham; elle doit constituer une nouvelle race bien distincte.

Race **exasperatum** n. st.

Operaria. — Rufo-testacea, capite thoraceque opacis, confertim subtilissime punctatis, illo fortius sulcato, hoc grosse reticulato; spinis metanoti parvis, acutis; abdominis pedunculo læviusculo, segmento sequente lævi, nitido. Long. 2–2 1/4 mill.

Fœmina. — Fusco-nigra, mandibulis, antennis, pedibus anoque rufis; capite thoraceque opacis, confertim subtilissime punctatis et irregulariter fortius longitrorsum sulcatis; spinis metanoti majusculis; nodis pedunculi opacis, striatulis, segmento sequente nitidulo microscopice sparse punctulato. Long. 3 1/2–3 3/4 mill.

Cette petite race est remarquable par la sculpture de la tête et du corselet, laquelle consiste en arêtes saillantes qui séparent des sillons ou des fossettes dont le fond est couvert d'une ponctuation serrée.

Sur la tête de l'ouvrière, ces sillons sont assez régulièrement longitudinaux en avant; l'on en compte environ 12 entre les extrémités postérieures des arêtes frontales. Chez le type du *Tetramorium cæspitum*, il y a dans le même espace un nombre à peu près double de stries. Pour ramener la sculpture du type à celle de la nouvelle race, il faut supposer que la moitié des arêtes qui séparent les stries a disparu; en effet, un examen attentif peut faire reconnaître chez *exasperatum* quelques traces des arêtes réduites (la même sculpture de la tête se retrouve sous une forme moins accentuée chez la race *striativentre*). Le corselet de l'ouvrière est irrégulièrement ridé en réseau à grosses mailles dont le fond est densément ponctué. Le pédicule est finement ridé et ponctué et plutôt mat.

Chez la femelle, la sculpture de la tête est un peu plus irrégulière que chez l'ouvrière; celle du thorax est pareille à celle de la tête. Les épines du métathorax sont fortes. Le premier nœud du pétiole est épais à son bord dorsal, de sorte que son profil ne forme pas d'angle marqué. Vu en dessus, il paraît globuleux; le deuxième est un peu plus large que lui et ovalaire. La taille est remarquablement petite.

J'aurais fait de cette fourmi une nouvelle espèce, sans la variabilité extraordinaire

du *T. cæspitum*. Les diverses races et variétés de l'espèce linnéenne représentent
sans doute, comme l'a dit M. Mayr[1], un groupe d'espèces en voie de séparation,
dont quelques-unes, telles que *striativentre, meridionale, exasperatum* et peut-être
inerme, ne sont plus que très faiblement attachées à la souche dont elles sont
issues.

8. Tetramorium sericeiventre Emery.

Tunisie : Sidi-el-Hani; de Sidi-Aïch à Gafsa (Lév. et Séd.).

Cette fourmi, décrite d'abord sur des exemplaires d'Abyssinie et du Soudan, a
été trouvée en Tunisie par MM. Léveillé et Sédillot. J'en ai reçu un exemplaire de
Sierra Leone; elle a donc un habitat fort étendu.

9. Triglyphothrix obesus André, race **striatidens** Emery, in *Ann. Mus. civ. Genova* (2), vol. VII, p. 50.

Tunisie : Tozzer.

L'unique exemplaire de Tunisie ne diffère en rien des types de Birmanie sur
lesquels j'ai fondé cette race. — M. André m'écrit l'avoir reçue dernièrement de
Sierra Leone[2].

10. Strongylognathus Huberi Forel.

M. Forel a trouvé cette espèce dans les montagnes de l'est de l'Algérie, jusqu'à
1,500 mètres d'altitude.

La femelle de Daya (prov. d'Oran) que j'ai décrite sous le nom de *Strongylognathus afer* se rapporte très probablement à une variété de cette espèce.

LEPTOTHORAX Mayr.

Ce genre compte dans la faune méditerranéenne et particulièrement en Afrique
plusieurs espèces remarquables, s'éloignant de celles qui habitent l'Europe moyenne
et septentrionale.

M. Forel en a découvert une espèce très intéressante (*Leptothorax Delaparti*)
qui, à cause de ses affinités avec mon *L. nigrita* d'une part, avec *Temnothorax
recedens* et *Rogeri* de l'autre, conduit l'auteur à réunir les deux genres *Leptothorax*
et *Temnothorax* en conservant à ce dernier le rang de sous-genre. Il donne une
longue description comparative de sa nouvelle espèce dont il laisse la position incer-
taine entre les deux groupes. A mon avis, le *Leptothorax Delaparti* s'éloigne assez
du *L. nigrita* pour devoir être classé dans le sous-genre *Temnothorax*. Mon *Leptothorax gracilicornis* de Ténériffe, que M. Forel, d'après la description, suppose être
voisin de sa nouvelle espèce, n'a rien de commun avec elle que ses antennes grêles.
Par son thorax et ses poils, c'est un *Leptothorax* typique

---

[1] *Verhandl. Zool. Bot. Ges.* Wien, 1870, p. 976.
[2] Cette espèce doit être rapportée au genre *Triglyphothrix,* fondé récemment par M. Forel pour
une espèce des Indes (*T. Walshi*) qui est identique au *Tetramorium lanuginosum* Mayr.

Le tableau suivant résume les principaux caractères des *Leptothorax* connus du nord de l'Afrique :

I. Forme élancée; poils du corps longs, non claviformes (s.-g. *Temnothorax* Mayr) . . . . *L. Delaparti* Forel.

II. Forme généralement plus trapue; poils du corps plus courts, épais, tronqués, plus ou moins distinctement en massue.

  A. Profil du premier segment du pédicule distinctement anguleux en dessus.

    B. Couleur noire, avec les pattes brunes; angle du pédicule mousse; poils du corps variables, ordinairement moins épais et moins courts que chez les formes suivantes; thorax élancé et impressionné à la suture méso-métanotale; tête et thorax luisants . . . . *L. nigrita* Emery.

    BB. Couleur jaune ou rousse, du moins en partie, rarement d'un brun foncé presque noir, mais alors la tête est mate; poils plus courts et plus épais.

      Yeux grands, occupant presque tout le tiers moyen des côtés de la tête; couleur jaune; corselet impressionné . . . . *L. Lauræ* Emery.

      Yeux beaucoup moins grands; couleur variable . . . . *L. tuberum* F.

      (Avec les races et variétés *angustulus* Nyl., *melanocephalus* Emery, var. *obscurior* Forel, *tuberum* i. sp., *unifasciatus* Latr., *interruptus* Schenk et var. *nitidiceps* Forel, *exilis* Emery, *Nylanderi* Foerst., et *Tebessæ* Forel.)

  AA. Profil du premier segment du pédicule formant un angle fortement arrondi; épines du métanotum très longues et courbées . . . . *L. flavispinus* André.

  AAA. Profil du premier segment du pédicule obtusément tronqué ou arrondi en dessus.

      Couleur jaune; angles antérieurs du pronotum marqués; premier segment du pédicule très brièvement pétiolé . . . . *L. angulatus* Mayr.

      Couleur noire ou brune, au moins en partie; angles du pronotum arrondis; premier segment du pédicule plus longuement pétiolé . . . . *L. Rottenbergi* Emery.

Sous le nom de *flavispinus* (*curvispinosus* André, olim), M. André a décrit un *Leptothorax* de Syrie qu'il regardait à tort comme variété du *nigrita*, ne connaissant autrefois cette espèce que par ma description. Le *L. flavispinus*, qui a été retrouvé aux environs de Tunis par M. le marquis Doria, constitue une espèce bien distincte. Le thorax a la forme médiocrement trapue de la plupart de ses congénères; la suture entre le mésothorax et le métathorax est à peine impressionnée. Les épines sont très longues, presque aussi longues que la face basale du métanotum, rapprochées à la base, divergentes et fortement courbées, lorsqu'on les regarde de côté. Le premier segment du pédicule est distinctement pétiolé et porte un nœud dont le profil forme, en avant, un angle tout à fait arrondi à déclivité postérieure convexe; l'aspect de ce profil tient le milieu entre les *L. nigrita* et *Rottenbergi*. Vu en dessus, ce premier segment est très étroit et à côtés parallèles, le deuxième à peine plus large et très court, faiblement transversal. La tête et le corselet sont couverts d'une ponctuation réticulée qui les rend mats et parcourus par de fines rides élevées. La couleur de l'ouvrière que j'ai sous les yeux est d'un brun ferrugineux, avec la tête presque noire; le métanotum, l'abdomen et le milieu des cuisses sont brun foncé; les épines, le reste des pattes, les antennes (sauf la massue qui est brune) et les mandibules testacés. Longueur : 2 mill.

La var. *nitidiceps* Forel, du *L. interruptus,* est remarquable par sa faible sculpture. Elle fait transition à une forme de Zante que j'ai considérée comme variété pâle du *L. exilis* et par là au véritable *exilis*.

Une partie seulement des espèces et races qui viennent d'être nommées a été observée en Tunisie; ce sont :

11. L. tuberum F., races **interruptus, Nylanderi, exilis.**

12. L. Lauræ Emery.

Tunis (Doria).

13. L. flavispinus André.

Tunis (Doria).

14. L. angulatus Mayr.

Djerba (D'Albertis).

15. L. Rottenbergi Emery.

Tunis, Sousa, etc.

16. L. nigrita Emery.

Ghardimaou (Forel).

17. L. Delaparti Forel.

Algérie : Djebel Osmor.

Découvert par M. Forel sur le Djebel Osmor, près de Tebessa; il vit sans doute aussi plus à l'est, dans la partie tunisienne de l'Atlas. Il en est probablement de même des différentes races et variétés du *L. tuberum* nommées ci-dessus que M. Forel a capturées soit aux environs de Bône, soit plus haut dans le Tell algérien.

18. Myrmica scabrinodis Nyl.

Algérie : jardins près de Tebessa (Forel).
Probablement importé avec des plantes européennes.

19. Oxyopomyrmex Sauleyi Emery, in *Ann. Mus. civ. Genova* (2), vol. VII, p. 440.

M. André m'écrit que cette fourmi, que j'ai décrite sur des exemplaires du midi de la France, lui a été envoyée de Bône et d'Alger. Elle a probablement un habitat plus étendu.

APHAENOGASTER Mayr.

Dans son travail sur les Fourmis de Tunisie, M. Forel propose de détacher des *Aphaenogaster* proprement dits un sous-genre *Messor* comprenant les formes moissonneuses telles que *Aphaenogaster Barbarus* [1], *structor et arenarius*, avec leurs races et variétés auxquelles il faudra sans doute ajouter d'autres espèces qui offrent la même structure de la tête et des mandibules (*rufotestaceus* Foerst., *Andrei et Pergandei* Mayr). Dans les considérations dont Forel appuie l'établissement de cette nouvelle coupe, d'ailleurs très justifiée, il m'attribue le mérite d'avoir démontré les mœurs carnassières des *Aphaenogaster* non moissonneurs qu'il appelle «chasseurs». Je ne saurais accepter la paternité de cette erreur : j'ai observé en effet [2] que les races *campanus* et *spinosus* de l'*A. testaceo-pilosus*, ainsi que l'*A. splendidus*, vivent de chasse, mais j'ai aussi vu, à Palerme, que la race *semipolitus* introduit dans son nid surtout des substances végétales et, en Sardaigne, que le type de l'*A. testaceo-pilosus* a un régime mixte. Je n'ai jamais songé à attribuer des habitudes carnivores et chasseresses aux inoffensifs et timides *A. subterraneus* et *pallidus*, dont j'ignore le genre de nourriture.

20. Aphaenogaster subterraneus Latr.

Sous ce nom collectif, je comprends un ensemble de formes assez nombreuses et variées. Les formes tunisiennes peuvent être réparties en trois races ou sous-espèces.

Race **subterraneus** Latr. i. sp.

Var. *strioloïdes* Forel.

Montagnes.
Tunisie : Aïn-Draham (Forel).
Algérie : Souk-Ahras (Forel).

Sculpture forte, rappelant l'*A. striola* dont cette forme diffère surtout par sa taille plus petite et plus svelte. Le caractère de la base du métanotum élevé en marche d'escalier au-dessus du mésonotum chez l'*A. subterraneus*, auquel M. Forel attribue une grande importance, est inconstant, si l'on compare un nombre suffisant

---

[1] Je fais *Aphaenogaster* masculin, surtout parce que M. Mayr. en établissant le genre, a mis au masculin le nom des premières espèces et parce que la terminaison en *er* en latin est ordinairement masculine.
[2] *Annali del Mus. civ. stor. nat. di Genova*, XV, p. 397, 1880.

d'exemplaires de différentes localités. Ainsi les *A. striola* de Genève devraient, par la forme de leur thorax, être rapportés à l'*A. subterraneus*. Il y a passage complet et graduel de cette forme à la race suivante.

Race **striola** Rog.

Var. *Mauritanicus* n. var.

Les exemplaires de Tunisie et d'Algérie, sur lesquels j'établis cette nouvelle variété, sont remarquables par leur taille moins trapue et leur tête étroite, ce qui les distingue de ceux de France et d'Espagne constituant la forme typique. Forel l'a récoltée à Souk-Ahras et à Duvivier en Algérie, jusqu'à 1,600 mètres.

Forel appelle *subterranoides* une variété plus petite et plus claire.

Race **croceus** André, var.

Le type de cette race, décrit sur des exemplaires de la province d'Oran, ne se trouve pas en Tunisie, et c'est à tort que j'ai cru le reconnaître, lorsque j'ai étudié les fourmis récoltées par le marquis Doria. — M. Forel a décrit sous le nom de *A. subterraneus* var. *croceoides* et var. *splendidoides* deux formes très voisines de *croceus* mais en différant par la taille plus grande, les épines du corselet bien plus développées et la sculpture qui laisse la tête et le prothorax beaucoup plus luisants. Chez *splendidoides*, le vertex et le corselet sont encore assez fortement ponctués-réticulés dans les intervalles de la grosse ponctuation piligère et sont presque mats. Chez *croceoides*, cette fine sculpture du fond est beaucoup plus faible et à peine reconnaissable avec une très forte loupe [1]; aussi ces parties sont-elles assez luisantes. La couleur est aussi plus claire chez *croceoides*. Les différences signalées par Forel dans la forme du pédicule me paraissent insignifiantes et inconstantes. Mes exemplaires de Tunis (voyage Doria) tiennent des deux, mais se rapprochent davantage de *croceoides*. Forel a récolté la var. *croceoides* à Béja, en Tunisie, et dans les montagnes de l'est de l'Algérie, et la var. *splendidoides* à La Verdure, en Algérie.

J'ai acheté de MM. Staudinger et Bang-Haas quelques ♀ de la province de Constantine ayant la couleur de *splendidoides*, mais qui ont la surface encore plus mate et les épines plus courtes et plus obtuses. — Une forme de Gibraltar qui m'a été envoyée par M. E. Saunders ressemble encore davantage pour la sculpture à la race *croceus* typique.

M. Forel confond à tort avec sa var. *splendidoides* une fourmi que j'ai trouvée sur le Monte Pellegrino près de Palerme et qui porte dans notre *Catalogue des Fourmis d'Europe* le nom de var. *subterraneo-splendida*. Cette variété est bien différente de la forme tunisienne par sa tête plus large et plus carrée, sa surface moins mate et sa coloration plus rousse, avec la tête plus foncée et l'abdomen brun. Les antennes ont leurs articles un peu plus allongés que chez *splendidoides*. Tout en reconnaissant avec M. Forel que la var. *subterraneo-splendida* ne constitue pas une véritable forme de transition entre les deux espèces dont elle porte les noms réunis, je ne crois pas devoir la rebaptiser, car les noms de variétés ne doivent pas être moins fixes que ceux d'espèces.

---

[1] Je me sers, pour les fines sculptures, d'un ancien objectif de microscope, lettre D de Zeiss.

21. Aphaenogaster pallidus Nyl.

Très répandu dans la plaine et sur la montagne, jusqu'à 1,500 mètres (Forel).

22. Aphaenogaster splendidus Rog.

Cette espèce n'a pas été récoltée, à ma connaissance, en Tunisie, mais je pense qu'on l'y trouvera. J'en possède une ♀ bien typique de la province de Constantine (Staudinger).

23. Aphaenogaster testaceo-pilosus Luc. — Race typique.

Très répandu dans la plaine et la montagne. Forel l'a rencontré jusqu'à 1,600 mètres d'altitude.

24. Aphaenogaster Sardous Mayr.

Mêmes lieux que le précédent dont il est distinct surtout par sa couleur très constante.

25. Aphaenogaster (Messor) Barbarus L.

Si jamais un nom géographique a été heureusement choisi, c'est celui de cette fourmi, car, malgré sa grande diffusion dans l'ancien monde, les pays dits « barbaresques » sont sa véritable patrie et probablement le centre primitif d'où elle a rayonné vers le Nord, le Sud et l'Est. C'est, en effet, dans l'Algérie et la Tunisie que se trouvent réunies côte à côte le plus grand nombre des formes connues, dont l'ensemble constitue un fouillis inextricable de races et de variétés, différant l'une de l'autre par des caractères parfois fort saillants de forme et de sculpture, mais reliées entre elles par tant de degrés intermédiaires qu'il devient impossible de leur assigner des limites précises. — Je me suis occupé à plusieurs reprises de ces variétés [1] dont j'ai décrit d'abord un certain nombre sans leur donner de noms; j'ai émis dès lors la supposition que quelques-unes des formes barbaresques ont, par divers chemins et en se modifiant plus ou moins le long de la route, colonisé tout le territoire actuel de l'espèce. Depuis lors, M. André a nommé dans son *Species* les variétés les plus remarquables. Enfin, tout récemment, M. Forel s'est occupé des variétés tunisiennes et algériennes : il a été frappé comme moi du nombre des formes et des innombrables passages qui les relient les unes aux autres, en réalisant, pour ainsi dire, toutes les combinaisons possibles entre les caractères du thorax pourvu ou dépourvu d'épines, de la sculpture ponctuée, striée ou rugueuse sur la tête et le thorax, de la surface mate ou luisante de l'abdomen, de la taille et de la couleur. De tous ces caractères, celui que M. Forel a trouvé le plus propre à servir de base à une classification des formes du nord de l'Afrique concerne les proportions générales du corps et de la tête et les différences de taille entre les ouvrières du même nid, les formes qui offrent les ouvrières les plus grandes et les plus mégacéphales étant en même temps celles qui ont les ouvrières les plus petites et à tête plus allongée. D'après ce principe, il partage les variétés tunisiennes de l'*A. Barbarus* en trois groupes ou races, savoir :

---

[1] *Annali del Mus. civ. stor. nat. di Genova*, XII, p. 56-58; XV, p. 392-397; XXI, p. 382 et 383.

« I. Race **Barbarus** i. sp.

« ☿ Long. 3,8-12 mill. Tête des ☿ major jusqu'à 4 mill. de large. Prothorax plus élevé et plus développé, thorax plus court. Corps en général
plus lisse. Poils du dessous de la tête assez courts. Le ☿ minima est fort
grêle et a la tête plus longue que large. Cette forme a aussi des variétés
dentées et des variétés plus striées. — ♀ Grande et large.

« Vit dans les lieux moins secs ; fait souvent des nids maçonnés dans la terre, dans
les prairies.

« II. Race **Ægyptiacus** Emery.

« ☿ Long. 4,8-7 mill., ou au plus 8 mill. La tête des ☿ major ne dé-
passe guère 2 mill. de large. Sous la tête, de longs poils courbés à
l'extrémité, comme ceux des *Pogonomyrmex*. Forme du thorax comme
chez la précédente. Les ☿ minima sont beaucoup plus robustes que ceux
de *Barbarus* i. sp., plus semblables aux ☿ major, et ont la tête aussi large
que longue. Les dents du métanotum et la couleur varient *énormément*.
Très souvent des épines ; la sculpture forte et le thorax rougeâtre. Les
variétés tunisiennes ont en général la tête plus ou moins lisse, ce qui les
distingue de la vraie *Ægyptiaca*. — ♀ Plus petite et plus étroite, aux
environs de 11 mill.

« Vit surtout dans les rocailles des collines arides, entre les rochers et dans le
sable du désert à côté de l'*arenarius*.

« III. Race **striaticeps** André.

« ☿ Long. 6-10 mill. — Passage au *Messor arenarius*. — Forme allongée,
élancée. Prothorax plus bas et plus étroit, thorax plus long. Tête des ☿ major
ne dépassant pas 2,5 mill. Sous la tête, quelques longs poils. Les ☿ minima
sont très peu différentes des ☿ maxima ; leur tête est à peine plus longue
que large. Tout le corps est mat ou subopaque (sauf l'extrémité de l'abdomen). Noire ; fortes épines métanotales. Elle est cependant moins an-
guleuse (plus arrondie), plus petite (sauf les ☿ minima), et à sculpture
moins forte que l'*arenarius*. Moins striée que le type d'André. —
♀ Long. 13,5 mill. Allongée, svelte. Ailes longues, bien plus hyalines
que chez *Barbarus* i. sp. Deux dents au métanotum.

« Une fourmilière très peuplée, sur le flanc (vers le bas) d'une colline près de
Tebessa. A El-Hamma (oasis), j'ai pris deux ☿ qui font presque le passage de
cette race à l'*arenarius*.

« La var. *meridionalis* André est un intermédiaire entre le *Barbarus* i. sp. et
l'*Egyptiacus*. Les var. *minor* et *rugosus* d'André ne sont, à mon avis, que des variétés très inconstantes de l'*Ægyptiacus*. »

J'ai rapporté tout au long le texte de Forel et je me rallie à son opinion dans ce qu'elle a de plus général : elle est fondée sur des observations faites sur les lieux, c'est-à-dire sur l'ensemble de la population des fourmilières par un spécialiste qui a pu ainsi établir des faits que les collections qui constituent la base de mes études ne pouvaient me faire connaître. Les *Aphaenogaster striaticeps* et *Ægyptiacus* sont donc des formes relativement primitives ou, en d'autres termes, indifférentes, dont dérive le type extrême *Barbarus* i. sp., chez lequel la grandeur maxima de la tête et le dimorphisme sont poussés au plus haut degré. Chacune de ces races est susceptible de se modifier beaucoup et de donner lieu à de nombreuses variétés de couleur et de sculpture. — M. Forel pense que ces variations sont sans importance et ne méritent pas d'être nommées. En cela, je ne suis pas entièrement de son avis : quelques-unes de ces formes, tout en étant reliées au type de leur race par de nombreux intermédiaires, acquièrent une importance spéciale, parce qu'elles s'étendent au dehors du centre barbaresque, dans d'autres pays où elles se trouvent *isolées et constantes*.

Je suis, pour mon compte, peu enclin à multiplier les noms de variétés. La nomenclature zoologique ayant pour but principal d'établir une entente entre les naturalistes en symbolisant par un nom les caractères d'une forme animale, il suffit d'avoir défini et nommé un certain nombre de types pour pouvoir définir par comparaison la forme spéciale dont on veut parler. Ainsi je dirai : race *Barbarus* i. sp., var. à tête rouge et striée ou à épines distinctes, etc. La variété mérite un nom, lorsque l'importance ou la constance relative de ses caractères, sa distribution géographique ou d'autres circonstances, lui donnent un intérêt particulier : telles sont, à mon avis, les formes ci-après, surtout si l'on tient compte non seulement des fourmis de la Tunisie, mais encore de celles qui habitent le reste du bassin de la Méditerranée.

Ainsi la var. *meridionalis* André est typique pour la péninsule des Balkans et l'Asie Mineure. La var. *minor* André, à tête et thorax plus ou moins rouges, est extraordinairement constante en Italie et dans les îles voisines (la var. *punctatus* Forel, des Indes, diffère très peu du *minor* typique; d'autres légères variations se trouvent aux îles Canaries). La grande forme noire d'Italie, que M. André appelle var. *niger*, diffère des autres formes de *Barbarus* i. sp. par la disposition particulière et *constante* des nervures des ailes. — La forme orientale et africaine, à tête et thorax rouge (*caducus* Motsch = *semirufus* André), se rapproche de *Barbarus* i.sp. par la grandeur et la forme de la tête de la ♀ major, tandis que la ♀ a la tête bien moins large et les ailes hyalines, comme chez *striaticeps* et *Ægyptiacus*.

Parmi les formes tunisiennes qui me paraissent mériter un nom, je citerai une variété plutôt grande et foncée de l'*Ægyptiacus* dont la tête, assez luisante, est finement striée avec de faibles traces de la ponctuation serrée du type; le thorax est rugueux et plus ou moins fortement épineux. Je l'appellerai var. *striatulus*. C'est une forme centrale qui se relie au type, d'une part, et de l'autre, aux variétés *meridionalis* et *minor*.

Les résultats des observations de Forel, l'examen de nombreux matériaux de tous pays et la discussion des textes des auteurs me conduisent à la synonymie suivante des races et variétés d'*A. Barbarus* :

Aphaenogaster (Messor) Barbarus L. — *Formica Barbara* L., *Syst. nat.*

Race **striaticeps** André. — Caucase, Tunisie.

Race **capitatus** Latr. [1] (*Formica capitata*).
    Var. *rugosus* André. — Syrie.
    — *Ægyptiacus* Emery. — Afrique du Nord.
    — *striatulus* Emery. — Tunisie, Algérie.
    — *meridionalis* André. — Tunisie, Syrie, Caucase, Grèce, Dalmatie.
    — *capitatus* Latr. — France méridionale.
    — *minor* André. — Tunisie, Italie, Corse, Sardaigne, Canaries.
    — *punctatus* Forel (*Journ. As. Soc. Bengal.*, LV, 248). — Inde.

Race **Barbarus** L. i. sp.
    Var. *Barbarus* L. sensu stricto. — *juvenilis* Fabr. (*Formica*). — *rufitarsis* Foerst. (*Myrmica*). — *megacephala* Leach (*Formica*). — ? *binodis* Fabr. — Afrique du Nord, Espagne, France méridionale. — Variétés innommées. — Bretagne.
    Var. *niger* André. — *capitata* Losana (*Myrmica*). — ? *Huberiana* Leach (*Formica*). — Sicile, Italie, Corse.

Race **caducus** Motsch (*Formica caduca*). — Var. *semirufa* André (*Aphaenogaster*). — ? *binodis* Fabr. — Syrie, Perse, Afrique tropicale.

Race **Capensis** Mayr.
    Var. *Capensis* Mayr. sensu stricto. — Afrique australe.
    — *pseudo-Ægyptiacus* Emery. — Afrique australe.

Le *Myrmica galbula* de Losana n'appartient certainement pas au groupe de l'*Aphaenogaster Barbarus*. L'auteur dit qu'il vit dans les troncs d'arbres et marche en procession : ces caractères biologiques ainsi que la forme du ventre, dans la figure, d'ailleurs détestable, font penser plutôt à un *Crematogaster,* quoique la dimension indiquée soit trop forte pour les espèces européennes du genre.

26. Aphaenogaster (Messor) arenarius Fabr.

C'est une fourmi typique du désert; elle varie peu d'une fourmilière à l'autre; cependant l'on remarque des différences dans la sculpture de l'abdomen qui est quelquefois plus superficielle, ce qui rend cette partie moins mate. La forme du premier segment du pédicule varie aussi et son profil offre parfois un angle assez marqué. Chez cette espèce, le dimorphisme des ouvrières atteint le plus haut degré possible. Les ouvrières les plus petites qui ne sortent jamais de la fourmilière ont été découvertes par M. Forel. Elles diffèrent de leurs compagnes géantes presque autant que les petits exemplaires du *Pheidologeton ocellifer* diffèrent des colosses de la même espèce.

La femelle (du moins un exemplaire de Suez de la collection Saulcy) a les ailes tout à fait hyalines avec les nervures pâles et le stigmate brun.

---

[1] Le *Formica capitata* de Latreille se rapporte sans aucun doute à la petite forme noire que Forel considère comme variété de *minor* (longueur de la ♀ : 11 millim.); elle doit donc donner son nom à la race dont elle est la forme la plus anciennement décrite.

Je rapporte à cette espèce un mâle des environs de Tunis (capturé par Doria) qui diffère de tous les ♂ de *Barbarus* de ma collection par sa grande taille (12 mill.), le profil dorsal du premier nœud du pédicule plus arrondi et le métanotum longitudinalement ridé, muni de dents bien marquées. Les ailes sont transparentes et leurs nervures encore plus claires que chez la femelle égyptienne.

27. Monomorium Salomonis L.

Très commun. — Désert, plaine et collines. — Forel l'a rencontré jusqu'à 900 mètres.

28. Cardiocondyla nuda Mayr.

Var. *Mauritanica* Forel, *Fourmis de Tunisie,* p. LXXV.

L'exemplaire de Tunis récolté par Doria se rapporte à la variété trouvée par Forel à l'oasis de Gabès et dont les caractères sont du reste fort peu saillants.

29. Pheidole megacephala Fabr. — Race typique.

Une variété foncée de cette race a été récoltée à Sfax par M. Forel.

Race **pallidula** Nyl.

Cette forme est très répandue. Forel l'a rencontrée jusqu'à 1,600 mètres et signale une variété alpine entièrement jaune pâle avec les mandibules du soldat seules rousses.

30. Pheidole Capensis Mayr.

Je possède depuis longtemps une ouvrière et un soldat provenant d'Égypte. Les explorateurs français ont pris cette forme à Gafsa, El-Oued et Douz, en Tunisie. C'est probablement une forme de la plaine et des oasis. — Le *Pheidole Capensis* est excessivement voisin du *P. megacephala,* dont il ne diffère presque que par la taille un peu plus avantageuse et le deuxième segment du pédicule élargi en pointe de chaque côté.

31. Solenopsis fugax Latr.

Plaine et collines; paraît répandu comme en Europe.

32. Solenopsis orbula Emery.

J'avais déjà signalé avec doute cette espèce d'après les sexes ailés capturés à l'île de la Galite par les naturalistes du *Violante.* — M. Forel en a trouvé une fourmilière à Souk-Ahras.

33. Crematogaster scutellaris Ol. — *Formica hæmatocephala* Leach. — *Myrmica Rediana* Géné. — *Myrmica rubriceps* Nyl. — *Acrocœlia ruficeps* Mayr.

S'appuyant surtout sur les différences de mœurs, M. Forel sépare spécifiquement le *Crematogaster scutellaris* typique, à tête rouge, des formes plus ou moins brunes ou noires qu'il a observées en Tunisie et qu'il comprend sous le nom de *Læstrygon.* Tandis que la première vit et habite sur les arbres, l'autre bâtit son nid en terre et fréquente les plantes herbacées. — M. de Saulcy m'a communiqué des observations analogues qu'il a faites dans le midi de la France. — La séparation proposée par Forel est à mon avis parfaitement légitime, même à un point de vue purement morphologique, car le *Crematogaster* à tête rouge est une forme très constante et je ne connais pas de véritable passage à l'espèce suivante qui est, au contraire, très variable dans sa forme, sa couleur et sa sculpture.

M. Lucas a décrit sous le nom de *Myrmica Algerica* une variété dont l'ouvrière a la moitié antérieure du thorax rousse; ce n'est probablement qu'une variation individuelle, car l'on trouve dans la même localité, et probablement dans le même nid, tous les passages au type. Je l'ai reçue de Tunisie (Sousa) et de la France méridionale (Banyuls; M. de Saulcy); des exemplaires de coloration différente étaient collés côte à côte sur la même carte.

Chez le ♂ du *Crematogaster scutellaris*, le mésothorax et l'écusson sont creusés de points enfoncés arrondis et peu nombreux; le fond, entre les points, est lisse et luisant (exemplaires de Naples) ou bien finement striolé et mat (exemplaires de Marseille communiqués par M. André).

Le *C. scutellaris* est répandu dans toute la Tunisie, sauf dans le désert.

34. Crematogaster Schmidti Mayr, *Verh. Zool. Bot. Ges. Wien*, II, p. 149 [1852].

Je réunis sous ce nom tous les *Crematogaster* offrant les caractères de forme du *scutellaris*, mais dont la coloration est différente. Ils peuvent être répartis dans les variétés suivantes, entre lesquelles il existe de nombreux passages :

Type *Schmidti* Mayr i. sp.

Ouvrière : tête, corselet, pédicule et base de l'abdomen d'un roux testacé; le reste de l'abdomen brun foncé; sculpture faible; épines généralement longues, minces et pointues.

♀ d'Algérie prise avec les ☿ : elle a la tête rouge clair, le corselet brun rouge, plus clair en avant, avec le prothorax rougeâtre, les pattes brunes; deux ♀ d'Orient sont entièrement brun foncé avec le devant de la tête seul ferrugineux.

Algérie, Tunisie, Carniole (Mayr), Caucase, Asie Mineure, Syrie.

Var. *Auberti* Emery.

C'est la forme foncée du midi de la France.

Le corps de l'ouvrière est ordinairement à peine plus trapu que chez le type; la couleur est brune avec la tête et l'abdomen plus foncés, celui-ci parfois presque noir vers l'extrémité, les pattes ordinairement foncées. La sculpture varie : elle est d'habitude plus forte que chez le *C. Schmidti* type. Les épines sont plus courtes. Mais tous ces caractères sont inconstants et l'on trouve tous les passages d'une variété à l'autre. La couleur surtout est sujette à de nombreuses variations : chez certains exemplaires du Portugal, elle est entièrement testacée avec le bout de l'abdomen brunâtre. — Je rapporte à cette forme quelques ouvrières de Tunisie et d'Algérie presque aussi claires que celles que je viens de décrire, mais remarquables par la sculpture plus forte de leur tête qui est à peine luisante en arrière.

La femelle (exemplaires de Banyuls, coll. Saulcy) est plus robuste que celle du *C. scutellaris* et que celle du *C. Schmidti* type; elle est entièrement d'un brun de poix, les antennes, tibias et tarses plus clairs, les mandibules rougeâtres.

Le mâle (de la même provenance) est remarquable par la sculpture de la déclivité antérieure du mésonotum, dont les points enfoncés, plus serrés que chez le *C. scutellaris*, s'allongent en forme de sillons longitudinaux; les intervalles sont finement striolés. Je remarque la même sculpture chez deux ♂ d'Espagne communiqués par M. André et appartenant à une variété foncée (passage à *Læstrygon*).

France méridionale, Espagne, Algérie, Égypte.

Var. *Læstrygon* Emery.

Plus robuste que la précédente : premier segment du pédicule plus élargi en avant; sculpture du thorax forte, tête luisante, épines courtes et épaisses à la base; couleur brun de poix, presque noire.

Sicile, Algérie; très répandue dans toute la Tunisie. — Forel l'a rencontrée dans la plaine et sur la colline, dans les lieux cultivés et le désert.

Une variété venant de Tebessa, récoltée par M. Forel, est remarquable par la sculpture striolée très nette de sa tête qui devient ainsi presque mate.

35. Crematogaster inermis Mayr.

Cette espèce n'a pas encore été signalée en Tunisie, mais je ne doute pas qu'on l'y trouve quelque jour. J'en possède depuis longtemps deux ouvrières capturées à Biskra par M. René Oberthür. — M. Forel[1] vient d'en décrire une variété (*lucidus*) de Ghadamès (Tripolitaine).

36. Crematogaster sordidulus Nyl.

Récolté par M. Forel dans diverses localités du Tell.

IV. DOLICHODÉRIDES.

37. Tapinoma erraticum Latr.

Forel a trouvé la forme typique à Ghardimaou et à Duvivier. — La var. *nigerrimum* Nyl. est commune partout.

38. Bothriomyrmex meridionalis Rog.

Très répandu en Tunisie. — Forel l'a trouvé jusqu'au delà de 1,400 mètres.

---

[1] *Le Naturaliste*, 1ᵉʳ septembre 1890.

V. CAMPONOTIDES.

39. Plagiolepis pygmæa Latr.

Répandu partout (jusqu'à 1,600 mètres; Forel). — A Gabès et à Sousa, M. Forel a trouvé une variété pâle (*pallescens* Forel) mêlée au type dans les mêmes fourmilières; j'ai reçu la même forme de Aïn-Draham.

40. Acantholepis Frauenfeldi Mayr, et var. *bipartita* Sm.

Commun partout. — Forel l'a trouvé depuis les confins du désert jusqu'à 800 mètres environ.

41. Lasius niger L. var. *alienoides* Forel.

Trouvé par Forel dans les jardins près de Tebessa.

42. Lasius alienus Foerst.

Tunisie : Aïn-Draham.
Algérie : Bône, La Verdure (Forel).

43. Formica fusca L.

Forel a trouvé cette fourmi exclusivement dans les jardins, près de la ville de Tebessa. Elle paraît importée d'Europe.

44. Myrmecocystus altisquamis André.

Habite spécialement la montagne où il paraît répandu. — Nids en terre dans les prairies (Forel).

Les exemplaires de Tunisie sont remarquables par la nuance plus claire des parties rouges du corps.

45. Myrmecocystus viaticus Fabr., race typique et var. *niger* André.

— Race megalocola Foerst.

Ces deux races sont répandues dans toute la Barbarie. — D'après les observations de Forel, en Tunisie, le type habite surtout le désert, tandis que la race *megalocola* préfère les endroits cultivés et la colline. — M. André m'écrit avoir reçu de Tunisie la var. *niger;* j'en ai sous les yeux deux exemplaires du Djebel Berd; d'autres individus moins foncés font passage au type.

Les femelles et mâles sont encore mal connus.

J'attribue, non sans quelque doute, à *megalocola* une ♀ de ma collection qui se distingue de la forme typique par ses yeux plus petits, 0,60 mill. de long (je trouve 0,80–0,81 chez trois ♀ d'Égypte et de Tunisie et 0,68 chez une ♀ d'Abyssinie, toutes appartenant à la race type), et par sa couleur qui est entièrement d'un rouge testacé, avec les derniers segments de l'abdomen rembrunis, les yeux et le bord des mandibules noirs. La dent apicale des mandibules est un peu moins longue que chez le type. L'abdomen est finement striolé et mat.

Les mâles africains que je connais se rapportent à deux types dont l'un, plus grand (10-12 mill.), noir avec l'abdomen plus ou moins rouge de sang, ressemble en tout point aux exemplaires orientaux ; toutefois l'écaille est notablement plus haute et moins épaisse. J'hésite à rapporter ces ♂ au type de l'espèce, soupçonnant qu'ils pourraient appartenir au *Myrmecocystus altisquamis*, d'autant plus que mes exemplaires proviennent presque tous de la région du Tell (capturés en mai et juin).

L'autre type, plus petit (8-9 mill.), est d'un testacé ferrugineux clair avec le thorax plus ou moins taché de brun et le flagellum souvent rembruni ; l'écaille est plus basse et plus épaisse. Je suppose que c'est le ♂ du *megalocola*. Les ailes sont moins enfumées que chez la forme précédente ; du reste, je n'ai su trouver aucune autre différence constante, ni dans la forme du thorax, ni dans les organes génitaux.

Les *penicilli* existent chez tous les ♂ du *M. viaticus* que j'ai examinés ; ils sont petits et ne sont bien visibles que lorsque le huitième segment de l'abdomen est suffisamment saillant.

M. Bedel a découvert dans l'Edough un Chalcidide parasite du *M. viaticus*, dont la femelle vit dans les galeries de la fourmilière, tandis que le mâle vole au-dessus du nid. — M. Cameron, à qui j'ai communiqué cet insecte, m'écrit que c'est une espèce nouvelle du genre *Chalcusa* (*Eucharis*) qu'il décrira prochainement sous le nom de *Chalcusa Bedeli*. Un autre *Eucharis* parasite des fourmis a été trouvé par M. Forel dans des cocons de *Myrmecia* d'Australie.

Un Myrmécophile des *Myrmecocystus viaticus* et *altisquamis*, le *Thorictus seriesetosus* Fairm., est remarquable par la coutume singulière, observée par M. Forel, de se tenir habituellement accroché par ses mandibules à la base d'une antenne de la fourmi.

46. Myrmecocystus albicans Rog. — Forme typique noire et var. *viaticoides* André.

Paraît fort répandu dans la plaine et sur la colline. — Selon Forel, la var. *viaticoides* habite surtout le désert.

47. Myrmecocystus bombycinus Rog.

Tunisie : Tozzer (Kerim), Oglet-el-Redoua, Hammeraja.

Espèce typique du désert.

48. Camponotus maculatus Fabr.

Cette espèce multiforme, dont les innombrables races et variétés peuplent le monde entier, porte dans les publications les plus récentes le nom de *Camponotus rubripes* Drury, adopté comme le plus ancien par M. Forel, sur la foi du Catalogue Roger. Une revue attentive de la bibliographie m'a fait reconnaître que Drury n'a jamais donné le nom de *rubripes* à aucune fourmi ; c'est Latreille qui, le premier, appela *Formica rubripes* un gros *Camponotus* d'Afrique que Drury avait rapporté à tort au *Formica Barbara* de Linné. — Pour comble de confusion, Roger a décrit sous le nom de *Camponotus rubripes* Drury une fourmi fort différente du *Formica*

Barbara décrit et figuré par l'auteur anglais. Celui-ci est remarquable par sa grande taille qui surpasse celle des plus grandes races du *Camponotus maculatus*, ce qui rend, pour le moins, douteux qu'il appartienne réellement à ce groupe. Le *C. rubripes* Rog. (nec Latr.) est, par contre, identique au *C. cognatus* F. Smith, race du *C. maculatus* répandue dans une grande partie de l'Afrique, depuis le Cap de Bonne-Espérance jusqu'au littoral de la Méditerranée.

Le *Formica maculata* de Fabricius étant la race la plus anciennement décrite de l'espèce, celle-ci devra désormais prendre son nom.

Race **maculatus** Fabr. i. sp.

Kairouan (Kerim). — N'a pas été retrouvé depuis lors.

Race **oasium** Forel, *Fourmis de Tunisie*, p. LXV.

C'est une fourmi typique de la plaine et des oasis. — On peut distinguer les variétés suivantes de coloration :

Var. α *fellah* n. var.

☿ major, noire avec le bas du thorax et les pattes plus ou moins rougeâtres; ☿ minor, ayant le thorax fauve brunâtre. La coloration claire du thorax chez les petites ouvrières permet de distinguer nettement les formes les plus foncées du *Camponotus oasium* de certaines variétés élancées du *C. compressus*, dont le tronc reste entièrement noir, même chez les plus petites ☿, tandis que les pattes sont ferrugineuses.

Cette variété foncée du *C. oasium* habite l'Égypte; je l'ai reçue aussi de Syrie et d'Assab. Elle n'a pas, à ma connaissance, été trouvée en Tunisie dans sa forme pure, mais j'ai vu des exemplaires de ce pays ayant l'abdomen plus ou moins taché de rouge testacé à la base et faisant passage aux variétés suivantes :

Var. β.

Tête et thorax châtain clair; la tête plus foncée chez la ☿ major; abdomen brun, noirâtre vers le bout, plus ou moins largement jaune à la base; pattes testacées.

Tunisie : Metonia, Hammam-el-Lif, Nefzaoua (Kerim et Antinori).

Algérie : Lambèse (R. Oberthür).

Il est très difficile de fixer la limite entre cette forme et la suivante.

Var. γ. Type de la race.

☿ major : tête brun foncé ou noire; corselet brun foncé; abdomen brun avec l'écaille et la base des deux segments suivants plus ou moins largement d'un jaune testacé; souvent cette couleur forme, sur le premier de ces segments, deux grandes taches séparées l'une de l'autre par un espace brun plus ou moins nébuleux; quelquefois la couleur claire tend à envahir tout le segment et une partie du suivant. Pattes en grande parties testacées. — ☿ minor : tête brune; thorax, pattes et abdomen testacés, celui-ci plus ou moins noirâtre vers le bout.

Tunisie : Gafsa, Gabès, Menzel, etc.

Race **dichrous** Forel.

Cette forme, caractérisée par sa coloration remarquable, paraît assez constante. Les exemplaires de Tunisie ont à peu près la sculpture de la race suivante, tandis que ceux d'Orient se rapprochent davantage du *sylvaticus*.

Selon Forel, elle abonde surtout dans le Tell où elle remplace les races *oasium* et *cognatus*.

Tunisie : Hammam-el-Lif.

Algérie : Tebessa (Forel), Biskra (Puton), Sidi-Messaoud.

Race **cognatus** F. Smith [1]; *rubripes* Rog. (nec Latr.).

Les exemplaires de Tunisie ont la tête plus luisante en arrière que la forme typique du Cap, dont ils ont du reste la coloration.

Tunisie : Tunis, Gabès, Hammam-el-Lif, etc.— Habite surtout la plaine.

D'autres exemplaires se rapprochent du *sylvaticus,* de l'Europe méridionale, par leur sculpture plus faible, leur abdomen plus luisant, leur taille plus petite.

Tunisie : Carthage (Forel).

Race **Alii** Forel, loc. cit., p. LXI.

C'est une race alpine qui paraît ne se trouver qu'au-dessus de 1,000 mètres. — Forel l'a découverte en Algérie, sur les confins de la Tunisie. Les exemplaires tunisiens que j'ai vus (Aïn-Draham, Babouch) appartiennent à la variété foncée que Forel appelle var. *concolor,* et sont même plus foncés que les types envoyés par M. Forel. Les ☿ petites et moyennes ressemblent donc tout à fait, pour la couleur, au *Camponotus Æthiops;* mais l'absence d'aiguillons aux tibias (sauf 1-2 à l'extrémité) sépare nettement cette race du *C. Æthiops* et la rattache plutôt au *C. pallens* Nyl. Je ne pense pas qu'il existe de véritable transition entre *Alii* et *Æthiops,* comme le suppose Forel. — La race *Alii* se trouve probablement tout le long de l'Atlas; j'en ai reçu des exemplaires récoltés par M. Bedel à Daya (prov. d'Oran); l'un de ces exemplaires porte l'étiquette «Fourmi de l'*Amorphocephalus*».

Je possède une ♀ que je rapporte à la var. *concolor.* Elle est entièrement noire avec les antennes et les pattes brun de poix. — Long. 13 mill.; sculpture comme chez l'ouvrière.

---

[1] Je suppose que le *Formica ligniperda* Lucas (*Explor. sc. de l'Algérie*, III, p. 302), que l'auteur dit commun en Algérie, se rapporte à cette race. Le *Camponotus ligniperdus* n'a pas, que je sache, été rencontré en Afrique et n'y est certainement pas commun.

Race **Atlantis** Forel, loc. cit., p. LXIII. — *C. pallens* Emery, in *Ann. Mus. civ. Genova* (2), vol. I, p. 376.

Cette race, que j'avais autrefois confondue avec le *Camponotus pallens* Nyl., de Sicile, auquel elle ressemble sous beaucoup de rapports, est très répandue, selon Forel, sur les collines et les montagnes de la Tunisie et de l'Algérie orientale, de 100 à 1,600 mètres. La forme typique, très pâle, a été récoltée par MM. Léveillé et Sédillot entre Gabès et Gafsa.

Une variété plus foncée ayant une couleur d'ambre un peu grisâtre, plus obscure sur la tête et l'abdomen, le ventre plus petit, du reste semblable au type pour la sculpture et la forme, a un habitat assez étendu en Algérie.

Algérie : Daya (Bedel); Batna (Puton); Tebessa, près des confins de la Tunisie.

Une autre variété très remarquable a été prise à Teniet-el-Haad, province d'Alger, par M. Bedel qui m'en a envoyé trois exemplaires, dont un tout petit de couleur intermédiaire entre le type et la variété précédente, et deux grands (long. 8-9 mill.; 4 1/2 sans l'abdomen; tête sans mandibules, 1,65 × 1,55) qui toutefois me paraissent ne pas être des ♀ maxima. — Sculpture et couleur de la tête comme dans la variété ci-dessus; abdomen entièrement noir chez un exemplaire; chez l'autre, l'écaille et la base du segment suivant rougeâtres. — Je crois devoir rapporter cette jolie forme au *Formica hemipsila* Foerster. La description originale a été faite sur une ♀, ce qui empêche la détermination de mes ♀ d'être tout à fait exempte de doute. — Le nom donné par Foerster étant le plus ancien, la race devra prendre le nom de *Camponotus hemipsilus*, dont le *C. Atlantis* constitue une variété.

49. Camponotus vagans Scopoli. — *Formica pubescens* Fabr.

Tunisie : El-Fedja (une seule ♀).

Je soupçonne fort que c'est une espèce importée d'Europe.

50. Camponotus cruentatus Latr. [1].

N'a pas encore été rencontré en Tunisie. — Forel a trouvé sur une montagne près de Souk-Ahras, à 1,400 mètres, une forme ayant à peu près la coloration typique. J'en ai sous les yeux quelques exemplaires ♀ de Kef-Kourrat, en Algérie, remarquables par leur coloration beaucoup plus foncée. L'écaille est noire et les deux segments suivants ont à peine un faible reflet sanguin; le corselet est un peu rouge en arrière et vers l'insertion des hanches; celles-ci et les cuisses sont d'un rouge ferrugineux foncé. Du reste, la coloration varie beaucoup dans cette espèce. J'ai des exemplaires du Portugal et du Maroc, chez lesquels les deux premiers segments de l'abdomen, proprement dit, sont presque entièrement rouge de sang, cette couleur s'étendant même au segment suivant.

---

[1] Le *Formica gigas* de Leach me paraît appartenir à cette espèce plutôt qu'au *Camponotus Herculeanus* auquel on le rapporte généralement.

51. Camponotus micans Nyl.

Très répandu. — Forel le dit commun dans la plaine et la montagne, jusqu'à
1,000 mètres.

Le *Formica pubescens* Lucas (*Explor. sc. de l'Algérie*, III, 302) se rapporte probablement à cette espèce.

52. Camponotus lateralis Ol. — Race typique.

Tunisie : El-Fedja (un exemplaire).

Race **piceus** Leach.

Tunisie : Aïn-Draham.

53. Camponotus Sicheli Mayr.

Tunisie : île de la Galite (D'Albertis); Sousa.
Algérie : montagnes près de Tebessa et Duvivier (Forel)

54. Camponotus (Colobopsis) truncatus Spin.

Algérie : La Verdure et Bône (Forel).

Se trouvera très probablement plus tard en Tunisie.

———————————